PH. BARON v. CANSTEIN

EINIGE BEGLEITWORTE
ZUR
CHARTE VON DER VERBREITUNG DER NUTZBARSTEN PFLANZEN ÜBER DEN ERDKÖRPER

Einige Begleitworte

zur

Charte von der Verbreitung der nutzbarsten Pflanzen über den Erdkörper

von

Ph. Baron v. Canstein.

Bei dem lebendigen Streben unsrer Zeit, die geographische Wissenschaft nach Geist und Wahrheit zu erfassen, scheint es nothwendig, auch die Naturerzeugnisse unseres Erdkörpers im Sinne der vergleichenden Erdkunde einer besondern Betrachtung zu unterwerfen, und namentlich zu den Producten-Verzeichnissen, wie sie uns gemeinhin für jedes einzelne Land in den früheren Compendien vorgelegt wurden, eine allgemeine vergleichende Uebersicht zu erhalten. Vornehmlich würden die Erzeugnisse des organischen Reiches oder die geographisch-wichtigsten Thiere und Pflanzen es sein, deren Verbreitung über die *ganze* Erde, in gesonderten Tableaus, einer gedrängten graphischen Zusammenstellung bedürfte. Die vielen vortrefflichen Materialien, welche eine grofse Anzahl ausgezeichneter Naturforscher und Geographen in ihren Werken niedergelegt haben, sind — mit Ausnahme für Europa — noch nicht auf eine praktische, zum Lehrgebrauche, wie zum Verständnifs jedes Gebildeten sich eignende Weise, zu solchen Uebersichts-Tableaus für geographische Zwecke benutzt worden. Obgleich nun auch ich nicht hoffen konnte, diese Aufgabe auf die zweckmäfsigste Art zu lösen, so dachte ich doch durch einen ersten Versuch die Aufmerksamkeit und Mitwirkung mehrerer und tieferer Forscher diesem Gegenstande zuzuwenden, und wagte daher nach mehrjährigen Vorstudien in der vergleichenden Erdkunde, in den Naturwissenschaften etc. und unterstützt durch einige Erfahrung im geographischen Lehrfache, zunächst eine Charte von der Verbreitung der nutzbarsten Pflanzen zu entwerfen. — Es sei mir erlaubt, aufser den auf der Charte befindlichen Erläuterungen, noch einige besondere hier folgen zu lassen.

Da alle organischen Wesen in dem klimatischen Elemente den ersten Grund für ihr Bestehen und ihre Verbreitung finden, so mufste das projectirte Tableau eine Grundlage erhalten, welche durch farbige Unterscheidung die klimatischen Verhältnisse schon in den allgemeinsten Zügen andeutete. Die Form, in welcher der atmosphärische Niederschlag in den verschiedenen Erdgegenden den Boden trifft, schien ein passender Eintheilungsgrund für die grofsen Gebiete, welche die Verkünder verschiedenartiger Temperatur- und Vegetations-Sphären werden sollten. Herr *von Roon* hatte eine solche

Eintheilung in seinem schätzenswerthen Lehrbuche »Grundzüge der Erdkunde, Berlin 1832« bei der Klimalehre schon aufgestellt. Ich habe daher die Angaben, welche sich dem Zwecke jenes Buches entsprechend nur in den allgemeinern Umrissen halten, mit Hinzufügung vervollständigender Bestimmungen und Modificationen, benutzt; zu letztern gehört unter andern die äufserst geringe Breite der südlichen Zone des veränderlichen Niederschlags im Vergleich zu der grofsen Ausdehnung der nördlichen, — ein Verhältnifs, das in den meteorologischen Tagebüchern der Weltumsegler, wie *Cook*'s, *Bellinghausen*'s etc., seinen Beleg findet und in dem Vorherrschen des flüssigen Elementes in der südlichen Hemisphäre begründet ist, indem beim Fortgehen vom Aequator nach dem Südpole die Winter in hohen Breiten, wegen des oceanischen Klimas, noch so gelinde sind, dafs kein Schnee fällt, während, wenn man in entgegengesetztem Sinne vom Südpol gegen den Aequator fortschreitet, die Sommer und ihre wärmsten Tage noch in verhältnifsmäfsig niedern Breiten so kühl bleiben, dafs der atmosphärische Niederschlag immer in fester Form, als Schnee, das Niveau des Meeres erreicht. Das *zwischen* der Regen- und Schnee-Zone liegende Gebiet des veränderlichen Niederschlags mufste also sehr eingeengt werden. — Dafs, beiläufig bemerkt, eine ganz analoge Erscheinung in den *Höhen*regionen der Aequatorialgegenden angetroffen und von der Charte an den seitlichen Vertical-Darstellungen gezeigt wird, kann nur in ähnlichen Ursachen, wie dort, seinen Grund haben; zwischen den Tropen ist der Unterschied von Sommer und Winter — gerade wie beim oceanischen Klima in noch hohen südlichen Breiten — so gering, dafs beim Erheben in höhere kühlere Luftschichten, wo diese geringe Jahreszeiten-Differenz sich erhält, von denjenigen Höhenpunkten, wo es nur regnet, bis zu denjenigen, wo es nur schneit, ein rascher Uebergang statt finden mufs, also für das Gebiet, wo es regnet *und* schneit, nur ein kleiner Raum in verticalem Sinne bleiben kann.

Auf diesem Fundamente der Niederschlagsgebiete, welchen eine kurze Bezeichnung der Eigenthümlichkeiten ihrer Vegetation beigegeben ward, trug ich nun die Pflanzenklimata auf, welche, als aneinanderstofsende (nicht als übereinandergreifende) Gürtel die Erde umziehend, die gemeinschaftlichen Gewächsformen und die in besondern Bezirken vorkommenden enthalten sollten. Hiebei konnte ich die Vegetationsgebiete der Erde nicht in dem Sinne einer Pflanzenstatistik durch Aufführung der natürlichen Pflanzenfamilien und ihrer Verhältnifszahlen, oder durch die Vertheilungsweise der Gattungen nach ihren numerischen Beziehungen etc. characterisiren wollen, da ich nicht eine botanische Arbeit unternahm, sondern eine geographische, in welcher zwar auch eine Characteristik des Pflanzenbestandes der verschiedenen Erdgegenden gegeben werden sollte, aber nur durch solche bestimmte Pflanzen-Arten oder Gattungen, die durch ihre vielfache Anwendung, durch ihren ökonomischen, technischen etc. Gebrauch, durch das Bedürfnifs, zu dem sie geworden sind, in eine wichtige Beziehung zu den Lebensverhältnissen der Erdbewohner getreten sind.

Wegen dieses Festhaltens des geographischen Gesichtspunktes ward also die Nutzbarkeit der Pflanze zu einem wesentlichen Bedingnifs ihrer Aufnahme, und es mufsten daher gröfserntheils *Cultur*gewächse in die Charte kommen, die bei der, durch ihre Ueberführung stattgehabten Ausgleichung des Pflanzenbestandes verschiedener Länder, für die Oekonomie, die Sitten, die Cultur der Völker, auch einigermaafsen für die Temperatur-Verhältnisse, also für das Geographische, mehr als für den Vegetations-Character derselben Wohnstätten oder für das rein Botanische, wichtig und bezeichnend sind. Nichts destoweniger werden jedoch Vergleichungen der Gewächse in verschiedenen Gebieten auch auf die eigenthümliche Flora grofser Erdstriche allgemeine Schlüsse zulassen, da bei der Wahl der

Pflanzen, so viel es sich thun liefs, auf die Uebereinstimmung oder Verschiedenheit der Floren gleicher, correspondirender oder verschiedener Erdgebiete Rücksicht genommen worden ist. So wird man unter anderm wahrnehmen: die grofse Uebereinstimmung der Flora des polaren Nordens; die allmählige Abnahme dieser Uebereinstimmung gegen Süden und ihr Verschwinden an den südlichen Keilspitzen der Continente, — wobei es hoffentlich nicht stören wird, dafs in der südlichen Halbkugel die europäischen Getreidearten wieder erscheinen und bei Benennung zweier Pflanzenklimata angewendet wurden, was denn nichts anders heifst, als dafs dort ähnliche (wenn auch nicht gleiche) Temperaturverhältnisse, wie in den correspondirenden nördlichen Klimaten, d. h. wie im Vaterlande dieser wichtigen Nahrungsmittel herrschen, wodurch ihr Anbau auch in jenen südlichen Gürteln, entweder an den besonders bezeichneten Stellen schon zulässig geworden ist, oder noch möglich wird. — Auch für die Differenzen in den Vegetationserscheinungen der Gestadeländer des atlantischen und die Aehnlichkeit der Gegenküsten des Austral-Oceans, so wie für die Gleichheit der Floren in den analog gebildeten Uebergangsgebieten nachbarlicher Erdtheile, wie Spaniens und der Berberei, Abessiniens und Arabiens, sind Andeutungen in der Charte enthalten.

Man wird sich hiernach überzeugen, dafs bei der kleinen Zahl von Gewächsen, auf welche sich diese Uebersicht beschränken mufste, ihre Wahl manche Schwierigkeiten hatte, und jeder Name erst nach einer Menge vorangegangener Betrachtungen und Rücksichten seinen Platz in der Charte erhielt, mancher andere dagegen nicht aufgenommen werden konnte. Ich habe es mir angelegen sein lassen, das Vorkommen und die Wichtigkeit jeder einzelnen eingetragenen Pflanze aus den bessern geographischen Lehrbüchern, aus den Reisebeschreibungen und Floren der betreffenden Länder aufzusuchen und festzustellen. Unvermeidlich war es aber hiebei, dafs einzelne Pflanzen, welche als allgemein verbreitet in den Klimaten aufgeführt sind, nicht genau in dem *ganzen* Klima, der West-Ost-, wie der Meridian-Richtung nach, vorkommen; so etwa die nordischen Obstbäume, welche schon in geringerer geographischer Breite ihre Polargrenze erreichen, als das Getreide, in dessen Klima sie stehen; oder wie die Orange, welche nicht so hoch nach Norden rückt, als der Wein, in dessen Klima sie angegeben ist. Da es aber immer characteristische Gewächse für den bei weitem gröfsten Theil der betreffenden Klimata sind, so konnte bei einer Uebersicht wie diese, welche über den ganzen Erdkörper sich ausbreitet, von solchen verhältnifsmäfsig geringen Differenzen wohl abgesehen werden, ja es mufste geschehen, sollte nicht durch zu vervielfachte Theilungen der Zweck des übersichtlichen Bildes verloren gehen.

Es konnte nun nicht genügen, das Vorkommen einer Pflanze allein nach der horizontalen Dimension bestimmt zu haben, es musste auch ihr Standort nach der Höhe angegeben sein; daher die Bezifferung der in den klimatischen Zonen aufgeführten Gewächse nach den *Höhen-Regionen*, in welche sie an erhabenen Stellen von der Ebene aus hinaufrücken. Stehen *zwei* Zahlen neben einer Pflanze, dann ist diejenige voran gesetzt, welche die klimatische Region angiebt, in der die Pflanze am meisten vorkömmt. Sind es *drei* Zahlen, dann kann man annehmen, dafs die Pflanze in dem mittelsten Klima vorherrscht. Die unbezifferten kommen, wie es schon die Erläuterung auf der Charte sagt, von der betreffenden Ebene aus nur in dem untersten Höhenklima vor. — Auch hier lässt sich Analoges sagen, wie von der Verbreitung nach der Horizontal-Dimension: es gehört das Gewächs in die bezeichnete Region, ohne sich immer in dem ganzen Umfang derselben auszubreiten, oder sich ganz genau auf sie zu beschränken.

Die Temperaturen in den verschiedenen Klimaten war ein anderer wesentlicher Theil der Arbeit. Einmal wurde die Charte dadurch zu einer Uebersicht der Temperatur-Verhältnisse auf der Erde; 2) ergab sich daraus annähernd das Maafs der Wärme, welches jedes der aufgeführten Gewächse zu seinem Gedeihen erheischt, und 3) war es nothwendig, die Wärmevertheilung in den Pflanzenklimaten zu kennen, um für die sehr verschiedenartigen Verhältnisse in der Verbreitung von einerlei Gewächsen sogleich den Schlüssel zu haben; so etwa für die sehr wechselnde geographische Lage und für die grofsen Differenzen in der Breitenausdehnung eines und desselben oder correspondirender Pflanzenklimata, z. B. des nördlichen Getreideklima, dessen Polargrenze in Nordeuropa unter 70° nördl. Br., 0° mittl. jährl. Temp., + 12° wärmst. Mon., — 10° kältest. Mon. hat, wogegen an der Kolüma-Mündung, *unter derselben Breite*, bei — 8° mittl. j. T., + 9° w. M., — 24° k. M., kein Getreide mehr gedeihen kann. Da jedoch, wo in Ostasien die Polargrenze des Getreides liegt, unter 56° nördl. Br., finden sich sehr übereinstimmende Temperatur-Verhältnisse, wie an derselben Grenze im nördl. Europa, nämlich 0° m. j. T., + 12° w. M., — 14° k. M., obgleich nach der geographischen Breite ein Unterschied von 14 Graden des Westens gegen den Osten für die Polargrenze des Getreides daraus hervorgeht.

Man wird sich ferner durch diese Temperaturangaben in den Stand gesetzt sehen, manche Frage über die Zulässigkeit der *Ueberführung* von Gewächsen aus einer Erdgegend in die andere mit annähernder Genauigkeit beantworten zu können; z. B., warum auf Vandiemens-Insel, in der sehr niedrigen Breite von 40 bis 45°, die aus Europa dorthin gebrachte Rebe nicht mehr gedeihen konnte? Man sieht nämlich, dafs die Polargrenze des Weins in Europa mindestens 15° Wärme im heissesten Monat hat; dafs jene meerumspülte australische Insel dagegen, mit ihrem feuchten oceanischen Klima, *unter* 15° (zwischen 12 und 15°) Wärme im wärmsten Monat hat, also nicht hinlänglich heifse Sommer besitzt, um den Wein zur Reife zu bringen.

Und was den Wechsel der Temperatur nach der Höhe und die damit zusammenhängenden Vegetationserscheinungen anlangt, so werden die Wärmescalen für die drei Hauptstellen: unter dem Aequator (Cordilleren), in mittleren Breiten (Schweizer Alpen) und in höheren Breiten (Scandinavische Geb.) — die in den Erläuterungen zur Charte aufgenommen — genügen, um z. B. nachzuweisen, weshalb nicht einerlei Birkenart, Tannenart, überhaupt übereinstimmende Flora durch das ganze Höhenklima der obersten Bäume vom Meeresniveau der arctischen Gegenden über die Gebirgshöhen der Tropenzone bis zu den antarctischen Ebenen vorkömmt? Man wird den Hauptgrund leicht in den sehr verschiedenartigen Temperaturverhältnissen innerhalb eines solchen Höhengürtels erkennen. Sucht man nämlich in zwei weit von einander entfernten Breiten die *Mitte* des Klimas der obersten Bäume auf, so liegt sie z. B. in Lappland unter 67° N. B. in einer Höhe von 1400′; ebendieselbe liegt aber auf den Cordilleren, unterm Aequator, in einer Höhe von 10200′.

Lappland unter 67° N. B. hat an der Schneegrenze bei 3500′ Höhe:
— 5° m. j. W., + 8,5° w. M., — 17° k. M.
Lappland unter 67° N. B. hat in der Ebene bei 0′ Höhe:
+ 1,7° m. j. W., + 13° w. M., — 10° k. M.
also hat die Mitte des Kl. d. obersten Bäume bei 1400′ Höhe (ohne die Brüche, die Temp. Abnahme als gleichmäfsig angesehen) — 1° m. j. W., + 11° w. M., — 12° k. M.

Die Cordill. unt. Aeq. haben an der Schneegrenze bei 14840′ Höhe: + 1,2° m. j. W., + 1,4° w. M., 0,9° k. M.
Die Ebene unt. Aeq. am W. Fufs der Cordill. hat bei 0′ Höhe:
+ 21,5° m. j. W., + 24° w. M., + 19° k. M.
also hat die Mitte des Kl. der obersten Bäume bei 10200′ Höhe (ohne die Brüche, wie vorher)
+ 7° m. j. W., + 8° w. M., + 6° k. M.

Stellt man die gefundenen Resultate zusammen, so erhält man

in Lappland für 1400′ H.	— 1° m. j. W.,	+ 11° w. M.,	— 12° k. M.
auf d. Cordil. für 10200′ H.	+ 7° -	+ 8° -	+ 6° -

also durchaus verschiedene Temp. Verhältnisse in beiden Gegenden des Höhenklimas. Zwar ist in jener Höhe auf den Cordilleren die mittl. jährl. W. so bedeutend, dafs sie der unsrer norddeutschen Gegenden, etwa der von Hamburg, gleichkömmt; aber trotz des sehr gelinden kältesten Monats ist doch der wärmste auch so kühl, dafs Bäume, wie unsere nordischen, in ihm nicht den nöthigen Wärmegrad für ihre völlige Entwickelung finden würden. In Lappland aber ist die mittl. jährl. W. viel geringer, als auf den Cordilleren, der wärmste Monat dagegen um mehrere Grade höher; am gröfsten aber zeigt sich der Unterschied beim kältesten Monat, der um volle 18° in Lappland kälter ist, als auf den Cordilleren, so dafs die Bäume der letztern, welche auf ein gleichmäfsiges Klima angewiesen sind, die Winter des polaren Nordens nicht ertragen würden.

Hätte man im vorigen Beispiele zwei Gegenden zur Vergleichung gewählt, für welche die Temperaturscalen nicht unmittelbar aus der Charte zu entnehmen waren, so würde es für den Zweck dieser Uebersicht vollkommen genügt haben, aus dem Verhältnisse des Abstandes von den beiden nächstgelegenen und ihrer Temperatur nach gegebenen Grenzen die Temperatur für die gesuchten Oerter annähernd zu bestimmen.

Sucht man auf diese Art die wärmsten und kältesten Monate für solche nordische ebene Gegenden und für solche aequatoriale Gebirgshöhen aus der Charte auf, welche *einerlei mittl. jährl. Wärme* haben, so wird sich bei einer Vergleichung bestätigen, dafs die noch mehrfach verbreitete und von Herrn v. Humboldt schon lange bekämpfte Vorstellung: man dürfe nur in heifsen Ländern z. B. zwischen den Tropen, von der Ebene aus hoch genug auf Gebirgen sich erheben, um das Klima für die Pflanzen der Ebene kalter Gegenden, etwa Lapplands, wiederzufinden, — eine irrthümliche sei, indem solche Temperatur-Uebereinstimmung wohl für die mittl. jährl. W. sich finden liefse, wenn man so hoch aufsteigen könnte, die *Vertheilung* dieser Wärme *auf die Jahreszeiten* aber immer eine höchst verschiedenartige in so verschiedenen Breiten ist, dafs demnach auch die Vegetation und der Bestand an Culturgewächsen in solchen Gegenden nicht gleich sein kann, indem das wechselseitige Verhältnifs vom höchsten Sommer- und Winter-Monat hauptsächlich das Gedeihen einer Pflanze bedingt.

Immerhin schliefst dieses nicht alle Aehnlichkeiten aus zwischen der polaren Flora und der der Gebirge nicht allzuentfernter wärmerer Länder; denn einmal giebt es Pflanzen, die einen sehr grofsen Wechsel der Klimata vertragen und daher weit verbreitet sein können; anderntheils aber nimmt auch der Unterschied in den Temperaturverhältnissen nur sehr allmählig mit der Breite zu. So haben z. B. Frankreichs Gebirge mit Lappland noch manche Pflanze gemein, wie die Engelwurzel, das Löffelkraut, die Preusselbeere, Rauschbeere, Erdbeere, Moosbeere, die Weide, Birke, Tanne, den Wachholder, — wenn sie auch die geographische Wichtigkeit, von der sie im polaren Norden sind, in jenen südlichen Gegenden verloren haben und daher in der Charte hier nicht weiter aufgeführt wurden. Es sei aber hierbei noch bemerkt, dafs trotz dieser Uebereinstimmung doch die Verschiedenheit in der Temperatur-Vertheilung dadurch sich zu erkennen giebt, dafs mehrere jener Gewächse *nach der Höhe* nicht in derselben Reihenfolge in beiden Ländern vorkommen. Es steht z. B. die Birke in Lappland an der obern Grenze der Baumvegetation, die Tanne bleibt unter ihr zurück. In Frankreich, in den Alpen, aber ist es umgekehrt; da steht die Tanne zu oberst, die Birke unter ihr. Der Grund liegt in der verschiedenen Vertheilung der Wärme. Lappland hat an der obern Baumgrenze kalte Winter und warme Sommer; jene scheut die Tanne. Die Alpen dagegen haben an jener Grenze milde Winter und kühle Sommer; letztere vermeidet aber die Birke; sie räumt daher der Tanne den Platz, welche hier nicht die kalte Wintertemperatur des Nordens zu fliehen braucht, aber die kühlen Sommer der Alpen wohl verträgt.

In dem vorigen Beispiele zeigt sich also schon eine Verschiedenheit in dem Verbreitungsbezirk von einerlei Pflanzen innerhalb ein und desselben Höhengürtels; nimmt man nun in demselben die Entfernung für die zu vergleichenden Gegenden immer gröfser an, so dehnt sich jene Verschiedenheit allmählig auf die Arten und dann auf die Gattungen aus, — und dies ist also, aufser andern Ursachen, welche Verschiedenheiten in dem Pflanzenbestande erzeugt haben können, hauptsächlich dem eigenthümlichen Verhältnifs der Temperatur-Vertheilung in den verschiedenen Gegenden ein und desselben Höhengürtels zuzuschreiben.

Den Schluss der Arbeit machen die kurzen naturgeschichtlichen etc. Erklärungen zu den weniger bekannten Pflanzennamen und die Bemerkungen zu einigen bekanntern, bei denen eine solche hie und da besonders wünschenswerth schien. Es mussten sich diese Erklärungen natürlich innerhalb der Grenzen des Allernothwendigsten halten. Sie beziehen sich: auf die Kraut-, Strauch- oder Baumform der Gewächse; ob sie wild oder cultivirt; bei einigen auf das Vorkommen unter besondern Umständen; bei allen auf den eigenthümlichen Gebrauch, den man von ihnen macht, mit besonderer Anführung des nutzbaren Theils u. s. w. Trotz der Gedrängtheit dieser Erklärungen werden sie hoffentlich doch dazu beitragen, auch dem weniger Bewanderten in der Naturgeschichte die Arbeit zugänglich zu machen und manches, was in der Charte durch den bloſsen Namen sich nicht ausdrücken lieſs, zu ergänzen.

Mein Zweck wäre erreicht, hätte ich durch den Versuch dieser graphischen Darstellung der geographischen Wissenschaft einen kleinen Dienst und meinen lernenden Mitbrüdern einen Beitrag zur Erweckung umfassenderer Vorstellungen und zur Begründung nützlicher Kenntnisse geliefert. Immer habe ich aber zu wünschen, bei Beurtheilung der Arbeit die gute Absicht mit berücksichtiget zu sehen.

Berlin, den 5. August 1834.

Ph. Baron v. Canstein.

Berlin, gedruckt bei Ferdinand Nietack.

MIX
Papier | Fördert
gute Waldnutzung
FSC® C083411

Zeitfracht Medien GmbH
Ferdinand-Jühlke-Straße 7
99095 Erfurt, Deutschland
produktsicherheit@kolibri360.de